幸福小"食"光系列

纯天然超健康蔬果冰沙，
一杯足矣！

郑颖 ◎ 主编

 中国纺织出版社

U0347129

图书在版编目(CIP)数据

纯天然超健康蔬果冰沙,一杯足矣! / 郑颖主编.
-- 北京:中国纺织出版社,2017.8(2025.3重印)
(幸福小"食"光)
ISBN 978-7-5180-3685-1

Ⅰ.①纯…　Ⅱ.①郑…　Ⅲ.①饮料 - 冷冻食品 - 制作
Ⅳ.① TS277

中国版本图书馆 CIP 数据核字(2017)第 131934 号

摄影摄像:深圳市金版文化发展股份有限公司
图书统筹:深圳市金版文化发展股份有限公司

责任编辑:舒文慧　　责任校对:高涵　　责任印制:王艳丽

中国纺织出版社出版发行
地址:北京市朝阳区百子湾东里 A407 号楼　　邮政编码:100124
销售电话:010-67004422　传真:010-87155801
http://www.c-textilep.com
中国纺织出版社天猫旗舰店
官方微博 http://weibo.com/2119887771
三河市天润建兴印务有限公司印刷　各地新华书店经销
2017 年 8 月第 1 版　2025 年 3 月第 2 次印刷
开本:710×1000　1/16　印张:10
字数:70 千字　定价:58.00 元

序言 Preface

夏天一到，想清凉解渴，就让人联想到美味的冰沙，让人暂时忘却因夏季的酷热而引起的食欲不振。担心市售的冰沙添加了大量的添加剂与色素吗？那么最好的方式就是自己在家制作，用最天然的食材让全家人都吃得放心、健康、满足，不用再为卫生问题伤透脑筋。芒果、百香果、猕猴桃等应季鲜果，不但具有营养价值、丰富的色彩增加视觉享受，品尝起来更是清凉美味无负担。即使没有特殊的道具，用制冰盒、榨冰机都能轻松做出清凉消暑的冰沙，纯手工制造虽然会花一点时间，但健康、清爽、纯天然的滋味才是物有所值的。

我们发现的"新大陆"：酸甜的果酱和冰沙能擦出不一样的火花，增添冰沙的口感，让蔬果冰沙不再单调，用心煮出水果果酱加上蔬果冰沙。冰沙有新意？鲜玩水果靓食冰！取天然食材，享手工之乐，试魔幻搭配，品法式滋味，食冰沙也能食到醉。

本书每款冰沙均有详细步骤，更贴心的带有二维码，扫一扫就可以看视频跟着学做冰沙，让新手也可以一次成功！

愿本书与热爱冰沙的朋友分享快乐与美味，同时欢迎交流和指正。能够共同进步，做出更好的作品，是我们最衷心的期望。

目录 Contents

PART 1

自制蔬果冰沙，好吃又健康

PART2

清凉爽口：主题蔬果冰沙

目录 Contents

PART 3

口味浓郁：复合蔬果冰沙

PART 4

甜蜜与清凉的碰撞：果酱冰沙

PART

1

自制蔬果冰沙，好吃又健康

在食品安全让人担忧的当下，利用新鲜的食材和简单的器材，自己亲手做一份健康清新的冰沙，已经被越来越多的家庭接受，也成为时下流行的生活方式。无论是自我享受，还是朋友聚会，色彩鲜艳、口感丰富的果蔬冰沙都是桌上不可缺少的光彩。

制作冰沙基本知识

冰沙是夏季的一种冰饮,降暑佳品。它是由刨冰机刨碎的冰粒再加上作料而制成的,口感细腻、入口即化,深受人们的欢迎。

1. 材料的挑选

决定冰沙味道的是水果和蔬菜,水果和蔬菜的挑选和搭配最为关键。搭配选好了,加上得当的处理,可以增加冰沙的美味。

2. 使用应季的新鲜食材,选用成熟的水果

要选购水嫩的新鲜食材。同样的食材,季节和品种不同,味道也有差异。应季的食材味道鲜美、营养价值高,推荐选用。水果推荐选用足够成熟的,这是使冰沙更加美味的要点。

3. 可以增强甜味的天然食材

甜味不够可以添加蜂蜜、枫糖浆和干果,用量同样要逐步减少。干果要使用不含砂糖的,如果表面有油脂,可以用热水浸泡过后再使用。

4. 水果控制在 4 种以内,蔬菜不可重复再使用

水果使用 1~2 种即可,最多不超过 4 种,再多很难消化。尽可能不要反复使用同一种蔬菜,以避免绿色蔬菜中微量毒素在体内蓄积。

冰沙的基本原料

将冰块、水果、蔬菜等加入搅拌机中搅成碎末，就可制成冰沙。冰沙更多的是体现冰块的绵密口感和清凉感，当然，水果、牛奶等的曼妙味道也使冰沙的味道得以极大的提升。

1. 水果

可选择当季产出的各种新鲜水果，使用前务必洗净并去皮，以免残留农药。

2. 牛奶

适用于调和口味。

3. 自制糖水

以 650 克细砂糖加上 600 毫升水煮沸即可，可一次多煮些，放入冰箱冷藏备用。

4. 炼乳

把牛奶浓缩 1~2.5 倍，就成为无糖炼乳。一般商店出售的罐装炼乳，是经加热杀菌过的，但是开罐后容易腐坏，不能长期保存。

5. 香料

包括肉桂（粉状或棒状）、可可粉、豆蔻粉、薄荷叶、丁香等，其中以肉桂和可可粉最为常用。

制作冰沙常用食材推荐

草莓

草莓含维生素C、维生素E、钾、叶酸等。蒂头叶片鲜绿，全果鲜红均匀、有细小绒毛、表面光亮、无损伤腐烂的草莓才是好草莓。

橙子

橙子含多种维生素和橙皮苷、柠檬酸等植物化合物，能和胃降逆、止呕。个头大的橙子皮一般会比较厚，捏着手感有弹性；略硬的橙子水分足、皮薄。

柠檬

柠檬富含维生素C，能化痰止咳、生津健胃。柠檬皮中有丰富的挥发油和多种酸类，泡水时要尽量保留皮。

香蕉

香蕉含有丰富的钾、镁，有清热、通便、解酒、降血压等作用。

菠萝

菠萝富含膳食纤维、类胡萝卜素、有机酸等，有清暑解渴、消食止泻的作用。吃多了肉类及油腻食物后吃些菠萝，能帮助消化，减轻油腻感。

苹果

苹果具有润肺、健胃消食、生津止渴、止泻、醒酒等功能。应尽量避免购买进口苹果，因为水果经过打蜡和长期储运，营养价值会显著降低。

火龙果

火龙果所含维生素、膳食纤维和多糖类成分较多，有润肠通便、抗氧化、抗自由基、抗衰老的作用。火龙果的皮也含有丰富的活性成分，可以用小刀削去外层，保留内层和果肉食用。

西柚

西柚富含维生素C、维生素P和叶酸等，糖分较低。选购时以重量相当，果皮有光泽且薄、柔软的为好。

牛油果

牛油果含蛋白质、脂肪，不含糖分，也不含淀粉，可预防老化、补充素食者的营养均衡。牛油果保存需要注意小心包装，不可碰撞擦伤，通常可以放1星期左右。

蓝莓

蓝莓富含维生素C、果胶、花青素。能抗衰老、强化视力、减轻眼疲劳。

葡萄

葡萄含丰富的有机酸和多酚类，有助消化、抗氧化、促进代谢等多种作用。不同品种的葡萄味道和颜色各不相同，但都以颗粒大且密的为佳。

芒果

芒果富含维生素和矿物质，胡萝卜素含量也很高。大芒果虽然果肉多，但往往不如小芒果甜。

猕猴桃

　　猕猴桃有养颜、提高免疫力、抗衰老、抗肿消炎的功能。未成熟的猕猴桃可以和苹果放在一起，有催熟作用。

雪梨

　　雪梨能止咳化痰、清热降火、养血生津、润肺去燥、镇静安神。选购时以果粒完整、无虫害、无压伤、手感坚实、水分足的为佳。

百香果

　　百香果中的高膳食纤维可促进排泄，清除肠道中的残留物质，减少便秘、痔疮现象。选购时应注意果皮带有皱纹、颜色较深、果实大即是良品。保存时置于室温通风处即可。

樱桃

　　樱桃富含维生素 A，能保护眼睛、增强免疫力。表皮无伤痕、梗颜色鲜绿、果实鲜红发亮的为佳。可用塑料袋装起来，放入冰箱冷藏。

杨桃

　　杨桃含膳食纤维，能促进肠道蠕动，改善消化功能。选购时应挑选外观清洁、果敛肥厚、果色金黄、棱边青绿的。保存时可装在塑料袋里，放于阴凉通风处，不用放进冰箱保存，避免产生褐变。

西瓜

　　西瓜含水量丰富，能起到美白皮肤、预防黑斑的作用。选购时挑选果柄新鲜、表皮纹路扩散的，才是成熟、甜度高的果实，用手拍会有清脆响声。西瓜未切开时，整个常温保存，已切开的需放进冰箱冷藏。

黄瓜

黄瓜具有除湿、利尿、降脂、镇痛、促消化的功效。选购黄瓜时应以外表新鲜、果皮有刺状凸起的为佳。

西红柿

西红柿富含多种维生素和番茄红素等，有利尿、健胃消食、清热生津的效果。挑选西红柿以个大、饱满、色红、紧实且无外伤的为佳，冷藏可保存5~7天。

胡萝卜

胡萝卜能健脾和胃、补肝明目、清热解毒。要选根粗大、心细小、质地脆嫩、外形完整，且表面有光泽、感觉沉重的为佳。

南瓜

南瓜具有润肺益气、消炎止痛、降低血糖等功效。以形状整齐、瓜皮有油亮的斑纹、无虫害为佳。南瓜表皮干燥坚实，有瓜粉，能久放于阴凉处保存。

土豆

土豆中含有钾，能够帮助体内的钠排出体外，更能保持血管弹性和消除高血压症状。应选择中等大小，体形圆润，没有皱痕与裂伤，有分量的。避免选购萌芽或带有绿皮的。土豆不要放进冰箱冷藏，可用纸巾包好放在常温下保存即可，但要保持干燥，以免发芽。

红薯

红薯含大量纤维素，能促进胃肠蠕动，预防便秘和直肠癌。应选择须根少，避免表面有凹凸坑洞，粗胖有重量，外皮颜色鲜明有光泽的。一般放到阴凉通风处保存即可。

需要准备的制作工具

若想在家中就能享受到天然自制冰沙，首先要做的就是准备好常用的器具。只有充分认识并掌握它们，才能做出花式多样、清爽美味的时尚饮品。

1. 计量工具

称重时使用，选择家用的能够精确测量到 1 克的厨房秤即可。

2. 搅拌碗

做冰淇淋或者融化巧克力时，装材料用的。碗的大小选择合适的即可。

3. 家庭用刨冰机

将方块冰或者整块冰打碎成冰沙用冰的机器。如果没有刨冰机，用搅拌机打碎冰块也可以，实在没有机器的话，用凿子凿也是可以的。图片为自动刨冰机。

4. 锅

煮红豆或者做炼乳液时使用的工具。用搪瓷材料或者不锈钢材料比较好，铝锅不耐酸容易被腐蚀。

5. 过滤勺

制作各种冰沙酱时使用，使用这个工具能够更简便地去除煮水果时产生的泡沫。

6. 铲子

硅胶铲能够铲干净奶油、果酱，木质铲子耐热性较好，在煮东西的时候用来搅匀各种材料。

7. 挖冰器

需要挖出冰圆球时使用，挖红豆时也可以做出漂亮的形状。如果没有可以用量勺转圈舀也可以做出同样的效果。1 勺 =45 克。

8. 水果刀

当切小的材料时用小型的刀比较适合。特别是切水果蔬菜薄片时用此刀效果很好。选择握起来舒服的刀即可。

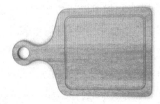

9. 砧板

用来切蔬果，塑料质、木质的皆可。要注意保持砧板的卫生与清洁。

—— 增添冰沙风味的调味品 ——

　　为了吃到不同风味的冰沙，可以在其中加些辅料来调节口味，这样还能使单调的冰沙，变得富有情趣。冰沙常用的辅料有蜂蜜、柠檬汁、白糖、牛奶等，不仅味道芳香浓郁，营养也会加倍。

1. 蜂蜜

蜂蜜，简而言之，即蜜蜂酿制的蜜，主要成分有葡萄糖、果糖、氨基酸，还有各种维生素和矿物质元素。蜂蜜作为一种天然健康的食品，热量低，还可润肠通便、美容养颜、延缓衰老，因此，越来越多地受到人们的喜爱。将蜂蜜添加到冰沙里面，其甜蜜的口感能使冰沙味道更好，女性、老人和小孩都适合食用。

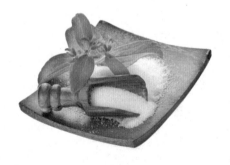

2. 白糖

白糖是经过提取和加工以后形成的结晶颗粒较小的糖。适当食用白糖有利于提高机体对钙的吸收，但不宜吃得过多，尤其糖尿病患者要注意不吃或少吃。吃完白糖后应及时漱口或刷牙，以防蛀牙。将白糖加入冰沙中，或者白糖和蔬果一起榨冰沙，可以使酸涩的蔬果冰沙变得酸甜可口。

3.牛奶

牛奶含有优质的蛋白质和容易被人体消化吸收的脂肪、维生素 A、维生素 D，因此被人们称为"完全营养食品"。牛奶包括人体生长发育所需的全部氨基酸，消化率达 98%，为其他食品所不及。牛奶可以和蔬果一起榨冰沙，如苹果牛奶冰沙，营养丰富，并可养颜润肤。

4.柠檬汁

柠檬汁的味道清新，富含维生素 C，能美白肌肤、开胃消食。在榨取一些苦味或涩味较重的蔬果冰沙时，加入少许柠檬汁，能很好地缓解味道。此外，也可直接将鲜柠檬作为原料，与蔬果一同放入榨冰机中榨汁。

5.果酱

果酱是由水果、糖以及酸度调节剂混合制造而成的，经过 100℃左右的温度熬制，直至变成凝胶状。制作冰沙时如果稍微加点制好的果酱在蔬果冰沙里，不仅色彩诱人，而且十分美味鲜甜。

PART 2

清凉爽口：主题蔬果冰沙

冰沙，因其取材方便，制作简单，营养丰富，受到越来越多人的喜爱。尤其在炎热的夏天，来一杯清凉冰沙，瞬间让人神清气爽，驱走闷热和烦恼，带来营养和健康。它还能时刻呵护你的美丽，给你绿色好心情。想要享受这种惬意的生活吗？那就开始制作属于自己的冰沙吧！

蓝莓冰沙

诱人蓝莓的酸甜味道，清爽的冰沙，
营造出入口即化的美妙口感。

扫一扫二维码
视频同步做美食

● 原料

蓝莓·················· 120 克
冰块·················· 适量

● 制作方法

1 洗净的蓝莓，切成粒。

2 把蓝莓倒入冰沙机中，再倒入冰块。

3 按下启动键将食材搅打成冰沙。

4 将打好的冰沙倒入杯中，最后点缀上几
粒蓝莓即可。

🥤 美味吃法

若想要增添酸甜的口感，可在冰沙上淋酸奶，蓝莓跟酸
奶的融合，加重冰爽的感觉，更加美味。

百香果冰沙

百香果果香浓郁，果籽细滑。
来一杯百香果冰沙，是夏日提神的"法宝"。

扫一扫二维码
视频同步做美食

• 原料

百香果····················3个
冰块····················适量

• 制作方法

1 洗净的百香果对半切开，取出果肉，装碗中。

2 把百香果倒入冰沙机中，再倒入冰块。

3 按下启动键将食材搅打成冰沙。

4 将打好的冰沙倒入杯中，淋上少许百香果果肉即可。

🥤 美味吃法

若想要尝试不一样的口味,可在冰沙上挤点抹茶冰淇淋。酸酸的口味融入一些甜滑的感觉,味道更佳。

草莓冰沙

草莓清甜好吃，做成冰沙更是不可抵挡。
盛夏来临，不信你能抵住诱惑。

扫一扫二维码
视频同步做美食

● 原料

草莓·····················120 克
冰块·····················适量

● 制作方法

1 洗净的草莓去蒂，对半切开。

2 把草莓倒入冰沙机中，再倒入冰块。

3 按下启动键将食材搅打成冰沙。

4 将打好的冰沙倒入杯中，点缀上一半草
莓即可。

🥤 美味吃法

想要口感更丰富，可以再加点草莓，将其切碎后撒在冰
沙上；又或者是淋上酸甜可口的黑加仑果酱。

火龙果冰沙

余味清爽，使身体由内而外散发活力。

外观鲜红，口感甘甜温和。

扫一扫二维码
视频同步做美食

• 原料

火龙果···················1个

冰块···················适量

• 制作方法

1 洗净的火龙果去蒂，去皮，切成块。

2 把火龙果倒入冰沙机中，再倒入冰块。

3 按下启动键将食材搅打成冰沙。

4 将打好的冰沙倒入杯中，点缀上火龙果片即可。

🥤 美味吃法

若想要增加风味，可在冰沙上淋蜂蜜。甜甜的冰沙，入口即化，异常美味可口。

杨桃冰沙

杨桃本身就有点涩涩的味道，但是随后便会慢慢回甘。

昏沉的清晨来一杯杨桃冰沙，神清气爽。

扫一扫二维码
视频同步做美食

● 原料

杨桃······················1 个
蜂蜜······················适量
冰块······················适量

● 制作方法

1 洗净的杨桃去蒂，切成片。

2 把杨桃倒入冰沙机中，再倒入冰块。

3 按下启动键将食材搅打成冰沙。

4 将打好的冰沙倒入杯中，淋上蜂蜜，点缀上杨桃片即可。

🍹 美味吃法

挑选杨桃，以果皮光亮，皮色黄中带绿，棱边青绿色为上选。

西柚冰沙

用西柚做的红色冰沙，酸爽提神。
西柚十分适合做冰沙，能够有效恢复活力。

扫一扫二维码
视频同步做美食

● 原料

西柚······················1个

冰块·····················适量

● 制作方法

1 洗净的西柚去皮，切成块。

2 把西柚倒入冰沙机中，再倒入冰块。

3 按下启动键将食材搅打成冰沙。

4 将打好的冰沙倒入杯中，点缀上樱桃即可。

🥤 **美味吃法**

在这样一杯美味的提神冰沙中，搭配营养丰富的蓝莓酱更是画龙点睛。

橙子冰沙

橙子用来摆台拍照，感觉很有活力。
橙色的水果特别引人注意，味道和颜色都很诱人。

扫一扫二维码
视频同步做美食

● 原料

橙子⋯⋯⋯⋯⋯⋯ 1 个
冰块⋯⋯⋯⋯⋯⋯ 适量

● 制作方法

1 洗净的橙子去皮，切成块。

2 把橙子倒入冰沙机中，再倒入冰块。

3 按下启动键将食材搅打成冰沙。

4 将打好的冰沙倒入杯中，点缀上橙子丁
即可。

🥤 美味吃法

可将喜欢的鲜果切成小丁，撒在冰沙上，也可以选择撒
上红豆沙。

苹果冰沙

清新爽口，充满活力的味道。
陶醉在温和的香味与甘甜的口感
中，带来舒畅的心情。

- **原料**

苹果 1 个　　　　冰块适量
汽水 10 毫升

- **制作方法**

1 洗净的苹果去皮，切成块。

2 把苹果、汽水倒入冰沙机中，再倒入冰
块，按下启动键将食材搅打成冰沙，将
打好的冰沙倒入杯中，最后点缀上苹果
丁即可。

超简西瓜冰沙

淡淡的西瓜清香，晶莹的粉红色。
状如雪泥，忍不住就想把它放入口中。

- **原料**

西瓜 1 块 ｜ 冰块适量

- **制作方法**

1 西瓜去皮、子，切成小块。

2 把西瓜倒入冰沙机中，再倒入冰块，按下启动键将食材搅打成冰沙，倒入杯中即可。

牛油果冰沙

为还不适应绿色冰沙的大人和小孩打造。
纤细的口感能和任何水果调和在一起。

扫一扫二维码
视频同步做美食

● 原料

牛油果·················1 个
冰块·················适量
火龙果片·············少许

● 制作方法

1 洗净的牛油果去皮、核，切成块。

2 把牛油果倒入冰沙机中，再倒入冰块。

3 按下启动键将食材搅打成冰沙。

4 将打好的冰沙倒入杯中即可。

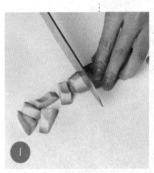

🍹 美味吃法

牛油果风味独特，并且能有效保护心血管和肝脏系统，
健康的美食记得要和家人一起分享。

趣味西瓜碎碎冰沙

没有想到西瓜碎碎冰沙可以这么清爽，一下子让人心情大好。

恰当甜度，一点点清凉，夏日不错的选择。

• 原料

西瓜······················ 150 克
薄荷叶·················· 少许

• 制作方法

1 洗净的西瓜对半切开,去皮、子,切成大块。

2 放冰箱冷冻 10 ~ 12 小时,做成西瓜冻。

3 取出后放入刨冰机中,按下启动键搅打成颗粒碎冰。

4 倒入杯中,点缀上薄荷叶即可。

美味吃法

它是由纯天然水果放入冰箱冷冻,再用刨冰机将水果搅拌而成。色泽鲜美,味道凉爽甘甜,果味纯厚,口感细腻。

橘子冰沙

加入柠檬、青柠、猕猴桃和葡萄柚等带有酸味的水果之后，冰沙的味道会变得更协调。
口感温和爽脆，给人一种夏天的感觉。

● 原料

橘子·····················1 个
冰块·····················适量

● 制作方法

1 橘子去皮，取出果肉。

2 把橘子倒入冰沙机中，再倒入冰块。

3 按下启动键将食材搅打成冰沙。

4 将打好的冰沙倒入杯中，点缀上橘子瓣即可。

🍹 美味吃法

试着加入多种爽口或者是五彩缤纷的水果，会擦出怎样的火花呢？

清爽猕猴桃冰沙

冰凉凉又酸甜开胃，反正我是很喜欢啦。
猕猴桃的品质也很重要，选择酸甜适中的奇异果最好。

扫一扫二维码
视频同步做美食

● 原料

猕猴桃·············1个
汽水·············10毫升
糖水·············5毫升
冰块·············适量

● 制作方法

1 洗净的猕猴桃去皮，切成块。

2 把猕猴桃倒入冰沙机中，加入汽水、糖水、冰块。

3 按下启动键将食材搅打成冰沙。

4 将打好的冰沙倒入杯中，点缀上猕猴桃片即可。

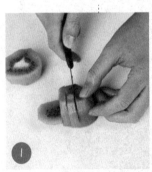

🥛 美味吃法
猕猴桃去皮要去净，不要有残留。

葡萄冰沙

这么炎热的天气，呆在空调房间里都不想出去。

动手做些冰品来消暑吧！来点葡萄、汽水做成冰沙，清凉降温又好吃哟。

● 原料

葡萄·····················100 克

汽水·····················10 毫升

糖水·····················5 毫升

冰块·····················适量

● 制作方法

1 洗净的葡萄对半切开，去籽。

2 把葡萄倒入冰沙机中，加入冰块、汽水、糖水。

3 按下启动键将食材搅打成冰沙。

4 将打好的冰沙倒入杯中即可。

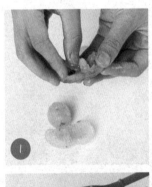

🥤 美味吃法

葡萄有"水晶明珠"的美称，营养丰富，能补气血、健脾胃，缓解神经衰弱和过度疲劳。

菠萝冰沙

菠萝一定要在淡盐水中泡上15分钟，否则易引发过敏，且泡过之后口感更甜。

扫一扫二维码
视频同步做美食

● 原料

菠萝·····················1个
汽水·····················10毫升
冰块·····················适量

● 制作方法

1 洗净的菠萝切成块，在淡盐水中浸泡一会儿。

2 把菠萝倒入冰沙机中，加入冰块、汽水。

3 按下启动键将食材搅打成冰沙。

4 将打好的冰沙倒入杯中即可。

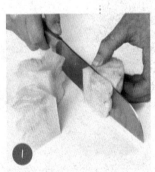

🥤 美味吃法

此款冰沙没那么甜，对于喜爱酸味的朋友十分适合。

49

樱桃冰沙

樱桃色泽鲜亮，气味甜香。
口味酸甜，给人带来一种幸福感。

• 原料

樱桃·····················80克
蜂蜜·····················10克
冰块·····················适量

• 制作方法

1 洗净的樱桃对半切开，去核。

2 把樱桃倒入冰沙机中，加入蜂蜜、冰块。

3 按下启动键将食材搅打成冰沙。

4 将打好的冰沙倒入杯中，点缀上樱桃即可。

🥛 美味吃法

加少许朗姆酒可以提升口味。

胡萝卜冰沙

胡萝卜外表朴素，味道令人怀念。
色泽艳丽，深受人们喜爱。

扫一扫二维码
视频同步做美食

● 原料

胡萝卜	1根
糖水	5毫升
冰块	适量
葡萄	半颗

● 制作方法

1 洗净的胡萝卜去蒂，切成块。

2 把胡萝卜倒入冰沙机中，再加入冰块、糖水。

3 按下启动键将食材搅打成冰沙。

4 将打好的冰沙倒入杯中即可。

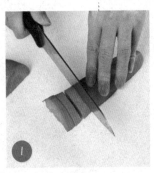

🥤 美味吃法

胡萝卜含有丰富的胡萝卜素，在体内能转换成维生素A，能保护视力，缓解视觉疲劳，改善皮肤问题。

土豆冰沙

没有华丽的外表，却是特别适合假日给孩子吃的冰沙。
内容丰富、口感细腻，喜欢甜食的也能充分得到满足。

扫一扫二维码
视频同步做美食

● 原料

土豆·····················1个
糖水·····················5毫升
冰块·····················适量
西柚丁、薄荷叶····各少许

● 制作方法

1 洗净的土豆去皮，切成块。

2 将土豆放入微波炉，加热5分钟至熟软，取出，压成泥，放凉待用。

3 把土豆泥倒入冰沙机中，加入冰块、糖水，按下启动键将食材搅打成冰沙。

4 将打好的冰沙倒入杯中，点缀上西柚丁和薄荷叶即可。

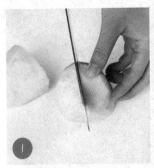

🧃 美味吃法

不喜欢太甜的朋友，试着把糖水换成牛奶，口感同样细腻香滑。

南瓜冰沙

夏天已悄悄来临，新买的冰沙机是时候上场显显身手了。

南瓜是我最喜欢的蔬菜，做成冰沙也很好吃！

● 原料

南瓜·················120克

冰块·················适量

牛油果丁············少许

● 制作方法

1 洗净的南瓜去皮，切成块。

2 将南瓜放入微波炉，加热5分钟至熟软，取出，压成泥，放凉待用。

3 把南瓜泥倒入冰沙机中，加入冰块，按下启动键将食材搅打成冰沙。

4 将打好的冰沙倒入杯中，点缀上牛油果丁即可。

🥤 美味吃法

热到吃不下饭了，来碗冰沙吧！浇上一勺自己做的蓝莓酱，再浇点酸奶，口感更好！

黄瓜冰沙

这是一款初学者也能接受的、值得推荐的冰沙。
黄瓜可以换成香瓜等其他瓜，可以享受多变的味道。

扫一扫二维码
视频同步做美食

● 原料

黄瓜·····················1 根

汽水·····················10 毫升

冰块·····················适量

● 制作方法

1 洗净的黄瓜切成块。

2 把黄瓜倒入冰沙机中，加入冰块、汽水。

3 按下启动键将食材搅打成冰沙。

4 将打好的冰沙倒入杯中，点缀上黄瓜丁即可。

🥤 美味吃法

简单的夏日清凉消暑饮品，这个季节的黄瓜非常清爽。不需要放任何糖，就已经非常好喝了。

香蕉冰沙

这是一道亚洲风味的水果冰沙，对于喜欢香蕉的人来说，
可是无法抗拒的美味，如果喜欢酸甜的冰沙，切记要放入柠檬调味。

● 原料

香蕉·····················3根
冰糖·····················2克
冰块·····················适量
薄荷叶···················少许

● 制作方法

1 洗净的香蕉去皮，切成圆片。

2 把香蕉倒入冰沙机中，放入冰糖、冰块。

3 按下启动键将食材搅打成冰沙。

4 将打好的冰沙放入杯中，点缀上香蕉
  片、薄荷叶即可。

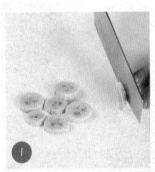

🥤 美味吃法

香蕉是最适合做冰沙的水果之一，它的果肉绵软细滑，
和糖水混合的果泥即使冻成冰以后，也能保持绵软的"冰
霜"感，做成的冰沙口感非常棒。

番茄胡萝卜冰沙

这款冰沙非常适合在开餐前食用，是地中海地区夏日非常火爆的开胃小吃，可以起到开胃和清心的作用，随桌跟一把小勺，或搭配短吸管。

• 原料

番茄··························· 1 个
胡萝卜····················· 半根
冰块··························· 适量

• 制作方法

1 洗净的番茄去蒂，切成块；洗净的胡萝卜去皮，切成圆片。

2 把番茄、胡萝卜一起倒入冰沙机中，再倒入冰块。

3 按下启动键将食材搅打成冰沙。

4 将打好的冰沙倒入杯中即可。

美味吃法

每次根据自己的食量添加食材多少即可，而且水果的搭配依据自己喜欢随意更换。

PART 3

口味浓郁：复合蔬果冰沙

炎炎夏日，四处弥漫的热气让人的味蕾也失去了乐趣。此时，各种各样的冰沙，将会抢夺人们的眼球，不同的水果和蔬菜的混合，吃多也不会发胖，每一种都透着冰爽的诱惑，同时又各有各的美味和口感。动下手就能带给自己透心凉的滋味，让炎热的夏日也浪漫起来吧！

红酒雪梨冰沙

炎炎夏日，午休过后，感觉浑身无力，干什么都提不起精神，赶快来一勺果味冰沙清醒消暑吧！

扫一扫二维码
视频同步做美食

● 原料

雪梨·················· 1 个
红酒·················· 150 毫升
冰块·················· 适量

● 制作方法

1 雪梨洗净去皮，去核，切小块。

2 把雪梨倒入冰沙机中，加入冰块和红酒。

3 按启动键搅打成冰沙。

4 将打好的冰沙倒入杯中即可。

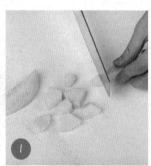

🍴 美味吃法

还可以把雪梨去核冻硬，红酒冻成冰块，放入冰沙机里搅打成冰沙，在炎热的夏日午后，来上一杯，太过瘾了！

蜂蜜柠檬起泡酒冰沙

蜂蜜的蜜甜滋润，青柠的清新爽口，让你无惧炎
炎夏日。
干了这杯冰沙，尽情领略起泡酒的迷人香味。

● 原料

青柠·····················2个
起泡酒、蜂蜜·······各适量
冰块、薄荷叶·······各适量

● 制作方法

1 青柠洗净，去子，切成片，备用。

2 取冰沙机，放入青柠片、冰块，再倒入
  起泡酒。

3 按下开关，启动机器，将食材打成冰沙。

4 将打好的冰沙倒入杯中，调入适量蜂蜜，
  点缀上青柠片和薄荷叶即可。

🍹 美味吃法

起泡酒适合于各种喜庆场合，在欧洲是餐前的开胃酒，
在美国则多与饭后甜点搭配；炎炎夏日，你的餐桌岂能
缺少它的身影。

什锦酸奶柠檬冰沙

以冰块为基础加入酸奶、西米露、哈密瓜、
南瓜圆子，丰富的食材凉爽之余又能填饱肚子。

扫一扫二维码
视频同步做美食

• 原料

哈密瓜·················· 150 克

南瓜圆子·············· 60 克

西米露·················· 20 克

酸奶······················ 100 克

柠檬冰块·············· 适量

• 制作方法

1 洗净的哈密瓜去皮，切成块。

2 锅内水开后倒入南瓜圆子煮至全部浮起捞起，过冷水捞起。

3 锅内重新换水烧开后倒入西米露，煮10 分钟，至西米露晶莹剔透中间留有小白点，熄火盖上盖闷至全部晶莹剔透后用清水洗净。

4 把哈密瓜倒入冰沙机中，淋上酸奶，再倒入柠檬冰块，按启动键搅打成冰沙；将打好的冰沙倒入杯中，点缀上西米露、南瓜圆子即可。

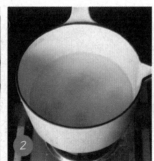

🍴 美味吃法

柠檬冰是把柠檬汁放入冰格中，放入冰箱片刻，制成柠檬冰；南瓜圆子的原料是南瓜和糯米粉，先把南瓜切块，蒸至熟软，再和糯米粉拌匀，揉成圆子即可。

草莓蓝莓酸奶冰沙

双莓合璧，酸甜可口。

在炎炎夏日，吃上一杯这样的冰沙，心满意足。

• 原料

草莓……………… 4 颗

蓝莓……………… 30 克

酸奶……………… 50 克

冰块……………… 适量

薄荷叶…………… 少许

• 制作方法

1 草莓洗净，去蒂，切成块；蓝莓洗净，对半切开。

2 把草莓、蓝莓和酸奶倒入冰沙机中，再倒入冰块。

3 按下启动键将食材搅打成冰沙。

4 将打好的冰沙倒入杯中，放上薄荷叶装饰即可。

美味吃法

薄荷气味清新，提神醒脑，也可搅拌时加入薄荷，提升冰沙的风味。

猕猴桃香蕉酸奶冰沙

香软的香蕉＋酸甜开胃的猕猴桃，
一杯清爽又健康的冰沙就这样诞生了。

● 原料

香蕉………………	1根
猕猴桃…………	1个
绿葡萄…………	30克
酸奶……………	40克
冰块……………	适量

● 制作方法

1 猕猴桃去皮，切成块；洗净的葡萄对半切开，去子；香蕉去皮切成段。

2 把香蕉、猕猴桃、绿葡萄、酸奶倒入冰沙机中。

3 再放入冰块，按下启动键将食材搅打成冰沙。

4 将打好的冰沙倒入杯中即可。

🥤 美味吃法

如果喜欢口感比较浓郁的，可以增加酸奶的用量，增强入口黏稠度。

香蕉杏仁酸奶冰沙

杏仁润肺止咳，既是食物也是药材。
这杯冰沙不仅美味消暑，还是养生佳品！

● 原料

香蕉······················1 根

杏仁······················50 克

酸奶······················40 克

冰块······················适量

● 制作方法

1 香蕉剥皮，切成块，备用。

2 将香蕉倒入冰沙机中，再放入杏仁、酸奶、冰块。

3 按下启动键将食材搅打成冰沙。

4 将打好的冰沙倒入杯中即可。

🥤 美味吃法

杏仁也可以不用打太碎，吃冰沙时有些许的颗粒感，口感也是非常不错的。

蓝莓巧克力椰奶冰沙

用蓝莓制作的冰沙，具有梦幻的色泽与甜润的滋味，总能轻易打动食客的心。

• 原料

蓝莓······················60 克

巧克力··················1 片

椰汁······················15 毫升

牛奶······················10 毫升

冰块······················适量

• 制作方法

1 蓝莓洗净；巧克力切碎。

2 将蓝莓倒入冰沙机中，加入椰汁、牛奶。

3 再倒入冰块，按下启动键将食材搅打成冰沙。

4 将打好的冰沙装入杯中，摆上剩下的蓝莓，撒上巧克力碎即可。

🥤 美味吃法

巧克力碎是万能的甜品装饰物，不仅能使造型显得美观，而且能给身体提供能量，食用后元气满满。

西瓜芒果酸奶冰沙

没有想到西瓜芒果冰沙可以这么
清爽，一下子让人心情大好。
恰当甜度，一点点清凉，夏日不
错的选择。

● 原料

西瓜 120 克	酸奶 50 克
芒果 1 个	冰块适量

● 制作方法

1 洗净的西瓜去皮，切成块；洗净的芒果
去皮，切成块。

2 把西瓜、芒果、酸奶倒入冰沙机中，再
倒入冰块，按启动键搅打成冰沙；将打
好的冰沙装入杯中即可。

柠檬红茶冰沙

甜味为基础味道，除了最常用的苹果和香蕉以外，

也可以选择偏甜味的草莓和芒果，再加入橙子和菠萝口感会更清爽。

- **原料**

柠檬1个，红
茶30毫升，

汽水20毫升，蜂蜜
10克，冰块适量

- **制作方法**

1 洗净的柠檬对半切开，榨取柠檬汁。

2 把柠檬汁、红茶、汽水、蜂蜜倒入冰沙机内，再倒入冰块，按启动键搅打成冰沙；将打好的冰沙装入杯中即可。

杂果冰沙

夏日炎热，人变得没胃口了，这时候不妨试试这一款冰沙，也许"连吃带喝"的新鲜感会冲淡夏日的阴影。

扫一扫二维码
视频同步做美食

● 原料

雪梨······················ 1 个
木瓜······················ 1 个
牛奶······················ 30 毫升
蜂蜜······················ 5 克
冰块······················ 适量

● 制作方法

1 洗净的木瓜去子，去皮，切成块；洗净的雪梨去皮，切成块。

2 把木瓜、雪梨、牛奶倒入冰沙机中。

3 再倒入冰块，按启动键搅打成冰沙。

4 将打好的冰沙装入杯中，再淋上蜂蜜即可。

🥤 美味吃法

因为加入了蜂蜜，所以不需要另外加糖，如果不加蜂蜜可以适当加入果酱调味。也可以加入其他水果，或多种水果混合制成冰沙。

红薯猕猴桃冰沙

一天又一天的久坐让身体渐渐僵硬，衰老是慢慢来临的。
而抵抗衰老也是一份需要耐心的工作，从给自己一杯纯天然冰沙开始吧！

扫一扫二维码
视频同步做美食

• 原料

红薯·····················1 个

猕猴桃·················1 个

牛奶·····················30 毫升

冰块·····················适量

坚果碎·················少许

• 制作方法

1 洗净的红薯去皮，切成块；洗净的猕猴桃去皮，切成块。

2 把猕猴桃、红薯、牛奶倒入冰沙机中。

3 再倒入冰块，按启动键搅打成冰沙。

4 将打好的冰沙装入杯中，适当放上一些坚果碎增加口感即可。

🥤 美味吃法

含有天然矿物质的红薯是大地的礼物。烤红薯、红薯干等多种种类，根据个人喜好选择即可。

密瓜葡萄牛奶冰沙

这款牛奶冰沙绵密浓香，搭配酸酸甜甜的葡萄，整个夏天都凉爽下来！

- **原料**

哈密瓜 1 个　　　　牛奶 30 毫升
葡萄 100 克　　　　冰块适量

- **制作方法**

1 洗净的哈密瓜去子，去皮，切成块；洗净的葡萄去皮，对半切开，去子。

2 把哈密瓜、葡萄、牛奶倒入冰沙机中，再倒入冰块，按启动键搅打成冰沙，将打好的冰沙装入杯中，用葡萄点缀即可。

椰芒冰沙

有时候直接吃水果觉得很平淡，
那就变个花样来吃吧，
冰冰凉凉又酸甜开胃。

- **原料**

芒果 1 个　　　　熟红豆 10 克
椰汁 10 毫升　　　冰块适量

- **制作方法**

1　洗净的芒果去皮，切成块。

2　把芒果倒入冰沙机中，淋上椰汁，再倒
　　入冰块，按启动键搅打成冰沙，将打好
　　的冰沙装入杯中，用红豆点缀即可。

咖啡香蕉冰沙

注入满满元气的香蕉冰沙。

加入咖啡，口感更上一层楼。

● 原料

香蕉······················· 1 根

咖啡粉··················· 10 克

橙子丁··················· 15 克

冰块······················· 适量

● 制作方法

1 香蕉去皮，切成片。

2 杯中放入咖啡粉，冲开，冷却后放入冰箱冷藏。

3 把香蕉倒入冰沙机中，再倒入冰块，按启动键搅打成冰沙。

4 将打好的冰沙倒入杯中，淋上咖啡，点缀上橙子丁即可。

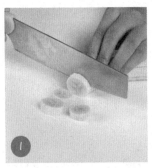

美味吃法

香蕉最好选用表面有黑点的，有黑点说明香蕉已经熟了。

黄瓜芒果冰沙

黄瓜作为蔬菜中的代表，
口感清爽不腻。
是绿色冰沙中经常登场的基本蔬菜，
和甜甜的芒果搭配很完美。

● 原料

黄瓜 120 克   冰块适量
芒果 1 个

● 制作方法

1 洗净的黄瓜切成块；洗净的芒果切成丁。

2 把芒果、黄瓜倒入冰沙机中，再倒入冰块，按启动键搅打成冰沙，将打好的冰沙装入杯中即可。

香蕉菠萝冰沙

当心情烦躁时，千万别慌乱。
先喝一杯清香略带酸甜的冰沙静
一下心吧！

● 原料

香蕉 1 根　　　　冰块适量
菠萝 1 个

● 制作方法

1 香蕉去皮，切成块；菠萝去皮切成块。

2 把香蕉、菠萝倒入冰沙机中，再倒入冰块，按启动键搅打成冰沙；将打好的冰沙装入杯中即可。

什锦圣代冰沙

在办公室感觉神疲困乏、胃口不佳的时候，来一杯冰沙，你会发现，它们搭配的是如此默契，令人神清气爽。

扫一扫二维码
视频同步做美食

● 原料

番石榴·················· 1 个

香蕉·················· 1 根

哈密瓜·················· 120 克

苹果·················· 1 个

柠檬·················· 1 个

糖水·················· 5 毫升

冰块·················· 适量

● 制作方法

1 洗净的哈密瓜去子，去皮，切成块；香蕉去皮，切成片；洗净的番石榴切成块；洗净的苹果切成块；洗净的柠檬去皮，去子，切成块。

2 把哈密瓜、香蕉、番石榴、苹果、柠檬倒入冰沙机中。

3 再加入糖水、冰块，按启动键搅打成冰沙。

4 将打好的冰沙装入杯中即可。

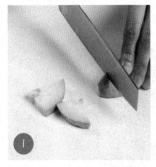

🥤 美味吃法

都是固体，机器不好搅打，所以也可加入牛奶和糖搅打，砂糖量自己掌握。

甜橙红酒冰沙

浓郁柔滑的口感，清新甜美的香味搭配红酒。
酸味适中，有一股清香扑面而来。

扫一扫二维码
视频同步做美食

● 原料

橙子·····················1 个
红酒·····················30 毫升
糖·······················5 克
冰块·····················适量

● 制作方法

1 橙子去皮，切成丁；把糖倒入碗中，加入少许水，溶解片刻。

2 把橙子、红酒、糖水倒入冰沙机中。

3 再加入冰块，按启动键搅打成冰沙。

4 将打好的冰沙装入杯中，点缀上橙子丁即可。

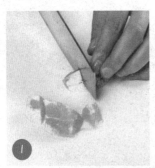

美味吃法

也可把橙子换成其他水果，也可添加蜂蜜和糖浆，这样做出来的味道会比较淡但很清爽。

番茄话梅冰沙

你可以买点话梅，给自己做杯好喝的冰沙，
排出体内垃圾，好胃口自然来。

扫一扫二维码
视频同步做美食

• 原料

番茄·····················1 个

话梅·····················10 克

糖水·····················5 克

冰块·····················适量

• 制作方法

1 洗净的番茄切成块。

2 把番茄、糖水倒入冰沙机中。

3 再加入冰块，按启动键搅打成冰沙。

4 将打好的冰沙装杯中，点缀上话梅即可。

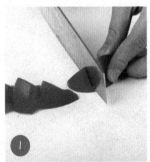

🍹 美味吃法

如果想喝淡一点口味的番茄话梅冰沙，多加一点牛奶和细砂糖搅拌均匀即可，不用冷冻，就是好喝的番茄话梅冰沙啦。

黄瓜柠檬冰沙

结合身体的韵律，早上喝一杯冰沙，有助于减肥
和打造完美的身体。

扫一扫二维码
视频同步做美食

● 原料

黄瓜·······················1根
柠檬·······················1个
冰块·······················适量

● 制作方法

1 洗净的黄瓜去蒂，切成片；洗净的柠檬取出果肉，果皮切成丝。

2 把黄瓜、柠檬倒入冰沙机中。

3 再倒入冰块，按启动键搅打成冰沙。

4 将打好的冰沙装入杯中即可。

🍴 美味吃法

这款冰沙口感浓郁，给人满足的体验。
黄瓜的清香中透着柠檬的酸甜，非常满足。

紫薯黄瓜冰沙

专为不爱吃蔬菜的孩子设计的多彩冰沙，蔬菜的量初期不要加太多。

面前放着一款冰沙用勺子挖着吃是很幸福的事情，在家自己做的果蔬冰沙吃着更爽。

• 原料

紫薯·····················1 个

黄瓜·····················1 根

酸奶·····················50 克

冰块·····················适量

• 制作方法

1 洗净的紫薯去皮，切成块，放入锅中加适量清水煮熟后捞出放凉备用；洗净的黄瓜切成片。

2 把紫薯块、黄瓜、酸奶倒入冰沙机中。

3 再倒入冰块，按启动键搅打成冰沙。

4 将打好的冰沙装入杯中即可。

🍴 美味吃法

如果想要两层色彩的话，最开始可用一半的黄瓜放入冰沙机中搅拌。然后将剩余的黄瓜和紫薯一起放入冰沙机搅拌，按照绿色、紫色的顺序倒入杯中。

菠萝椰汁朗姆冰沙

菠萝和椰汁香气的浅黄色鸡尾酒，味道非常爽口，
不是很甜，喝起来很清爽。

● 原料

菠萝·················· 120 克

椰汁·················· 10 毫升

朗姆酒··············· 30 毫升

冰块·················· 适量

● 制作方法

1 菠萝去皮，切成块，泡淡盐水。

2 把菠萝倒入冰沙机中，再倒入椰汁、朗姆酒。

3 倒入冰块，按启动键搅打成冰沙。

4 将打好的冰沙装入杯中即可。

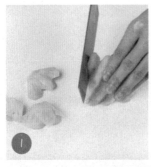

🥄 美味吃法

菠萝芯富含膳食纤维，有利通便排毒。

芒果奶酪冰沙

喜欢在盛夏午后，来一杯芒果奶酪冰沙，芒果的色彩让我着迷！有时候还会加一些海盐，丰富它的口感。

● **原料**

芒果 1 个　　　　冰块适量
炼乳 15 克

● **制作方法**

1 洗净的芒果去皮，切成丁。

2 把芒果倒入冰沙机中，再倒入炼乳、冰块，按启动键搅打成冰沙，将打好的冰沙装入杯中即可。

柠檬蜂蜜冰沙

魅力蜂蜜冰沙，享受甜蜜的秘密。
在糖分含量少的冰沙中加入柠檬
提味是关键点。

● **原料**

柠檬1个　　　　　蜂蜜10克
白葡萄酒20毫升　　冰块适量

● **制作方法**

1 洗净的柠檬切成片。

2 锅中倒入白葡萄酒、柠檬片，煮沸，冷
却待用；将冷却后的液体倒入冰沙机中，
再倒入冰块、蜂蜜，按启动键搅打成冰
沙，装入杯中即可。

葡萄香槟冰沙

天气一热就会想着做点冰沙呀，其实最简单的办法就是把洗净的水果冻了，用原汁机压成冰沙，超级好吃，关键是100%水果！

• 原料

葡萄··················· 100 克

蔓越莓··················· 10 克

香槟··················· 10 毫升

糖水··················· 5 毫升

冰块··················· 适量

• 制作方法

1 洗净的葡萄去皮，切开，去子。

2 把葡萄倒入冰沙机中，加入香槟、糖水。

3 倒入冰块，按启动键搅打成冰沙。

4 将打好的冰沙装入杯中，点缀上蔓越莓即可。

🍴 美味吃法

加入带有酸味的柠檬汁，可以显著提升冰沙的口感。在制作冰沙的时候可以先尝一下葡萄，如果葡萄本身较酸，可以适当减少柠檬汁的用量。

百香果芒果冰沙

芒果搭配味道酸甜的百香果，带有热带水果风味。
让肌肤焕发健康光泽。

● 原料

百香果·················· 1个
芒果····················· 1个
冰块·················· 适量

● 制作方法

1 洗净的芒果对半切开，划成格子，切下果肉；洗净的百香果对半切开，取出果肉，装碗中。

2 把芒果肉、百香果肉倒入冰沙机中，再加入冰块。

3 按下启动键将食材搅打成冰沙。

4 将打好的冰沙放入杯中即可。

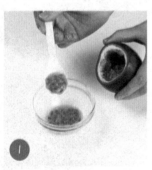

🥤 美味吃法

如果不加蜂蜜可以适当加入果酱调味。也可以加入其他水果，或多种水果混合制成冰沙。

清爽甜瓜柠檬冰沙

甜味为基础味道，除了最常用的甜瓜以外，

也可以选择偏甜味的草莓，加入柠檬口感会更清爽。

● 原料

甜瓜·····················1 个

青柠檬···················1 片

冰块·····················适量

薄荷叶···················少许

● 制作方法

1 洗净的甜瓜去皮、子，切成块；洗净的青柠檬切成片。

2 把甜瓜块倒入冰沙机中，再倒入冰块。

3 按下启动键将食材搅打成冰沙。

4 将打好的冰沙放入杯中，点缀上青柠檬片和薄荷叶即可。

🥤 美味吃法

这款冰沙口感浓郁，持续享受仍然可以给你满足的体验。

猕猴桃香蕉冰沙

富含维生素 C 的猕猴桃，能润肠护肤的香蕉，搅打成冰沙不仅能抗氧化，还可以减少黑斑形成。

● 原料

香蕉·····················1 根
猕猴桃·················1 个
酸奶·····················20 克
蜂蜜·····················10 克
冰块、薄荷叶·······各适量

● 制作方法

1 将香蕉去皮，切成片；猕猴桃去皮去硬芯，切成小块。

2 备好冰沙机，倒入香蕉、猕猴桃，再加入酸奶、蜂蜜和冰块。

3 打开启动开关，选择转速为"3"，配合搅拌棒搅打成冰沙。

4 将冰沙倒入杯中，用薄荷叶点缀即可。

🥄 美味吃法

一定要多加入冰块，保证搅打出来的冰沙黏稠，这样食用口感才绝妙。

葡萄柚柠檬冰沙

色彩艳丽的一杯冰沙饮品，配以冰块、柠檬片，
每个见过它的人都会情不自禁的爱上它。

● 原料

葡萄柚………………1 个

柠檬…………………20 克

蜂蜜…………………10 克

冰块、薄荷叶……各适量

● 制作方法

1 将葡萄柚切开，去皮，切成小块；将柠檬去皮，去子，切小块。

2 备好冰沙机，倒入葡萄柚、柠檬，再加入蜂蜜、冰块。

3 打开启动开关，选择转速为"2"，配合搅拌棒搅打成冰沙。

4 将冰沙倒入杯中，加入两块冰块，再用柠檬皮、葡萄柚片、薄荷叶点缀即可。

🥛 美味吃法

此道冰沙中添加柠檬和蜂蜜的量可视个人口味随意加减。

莓果香蕉冰沙

这是一道亚洲风味的水果冰沙。

如果喜欢酸甜的冰沙，切记要放入柠檬调味。

● 原料

香蕉·····················1 根

草莓·····················60 克

冰块·····················适量

● 制作方法

1　香蕉去皮，切成片；洗净的草莓去蒂，切成片。

2　把香蕉、草莓倒入冰沙机中。

3　倒入冰块，按启动键搅打成冰沙。

4　将打好的冰沙装入杯中即可。

🥄 美味吃法

如果想吃更加细腻的口感，就再次放入料理机，搅打均匀即可。

油菜雪梨冰沙

强烈推荐初学者做的一款绿色冰沙，没有蔬菜的涩味，会泡少，简单几步就可以做出口感柔软味道十分不错的绿色冰沙。

● 原料

雪梨 1 个　　　　冰块适量
油菜 60 克

● 制作方法

1. 洗净的雪梨去皮，去子，切成块；洗净的油菜放入沸水焯水片刻，捞出，放冷水中。

2. 把雪梨、油菜倒入冰沙机中，再倒入冰块，按启动键搅打成冰沙，装入杯中即可。

扫一扫二维码
视频同步做美食

芒果草莓冰沙

用芒果和草莓做一款自己喜欢的
冰沙，浓郁的芒果味加上甜甜的
草莓，吃了它能让你忘掉忧伤，
去除所有的烦躁心情。

● **原料**

芒果 1 个　　　　冰块适量
草莓 80 克

● **制作方法**

1　洗净的草莓去蒂，对半切开；芒果去皮
　　切成块。

2　把草莓、芒果倒入冰沙机中，倒入冰块，
　　按启动键搅打成冰沙，将打好的冰沙装
　　入杯中即可。

水果酸奶冰沙

这款冰沙解渴好吃还不胖。

想吃什么水果就可以加进去，现在就动手做起来吧。

● 原料

木瓜·················1个
猕猴桃················1个
葡萄·················30克
酸奶·················40克
冰块·················适量

● 制作方法

1 木瓜去子，去皮，切成块；猕猴桃去皮，切成块；洗净的葡萄对半切开，去子。

2 把木瓜、猕猴桃、葡萄、冰块倒入冰沙机中。

3 按启动键搅打成冰沙。

4 将打好的冰沙装入杯中，再淋上酸奶即可。

🥤 美味吃法

里面的水果根据自己的喜好来调整，也可以挖个冰淇淋球放在里面。

水果牛奶冰沙

用西瓜做一款自己喜欢的冰沙，配上纯牛奶。
浓浓的奶香加上甜甜的混合水果冰沙，沁人心脾。

扫一扫二维码
视频同步做美食

● 原料

芒果··················1 个
西瓜··················150 克
牛奶··················30 毫升
蜂蜜··················5 克
冰块··················适量

● 制作方法

1 西瓜去皮、子，切成块；芒果去皮，切成丁。

2 把西瓜、芒果、牛奶、冰块倒入冰沙机中。

3 按启动键搅打成冰沙。

4 将打好的冰沙装入杯中，再淋上蜂蜜即可。

美味吃法

水果牛奶冰沙，无任何添加剂，也未添加水分，只用蜂蜜、牛奶调整了甜酸度。可以根据自己手边现成的水果，变化做出多种口味和颜色的冰沙，简单易做。

芒果酸奶冰沙

有一次没有吸管，把酸奶直接挤出来喝。
这样子喝的酸奶口感更加丰富细腻，
从而萌发了做这款冰沙的念头，口感还真是一级棒。

扫一扫二维码
视频同步做美食

● 原料

芒果·····················1个
百香果·····················1个
酸奶·····················50克
冰块·····················适量

● 制作方法

1 百香果切开口，用勺子取出果肉；芒果去皮，切成丁。

2 把芒果、百香果、冰块倒入冰沙机中。

3 按启动键搅打成冰沙。

4 将打好的冰沙装入杯中，再淋上酸奶即可。

🥤 美味吃法

芒果搭配味道酸甜的百香果，带有热带水果风味，让肌肤焕发健康光泽。

苹果肉桂奶酪冰沙

夏季中午，顶着炎热的太阳去买杯冰沙，是
不是还没出门想想就觉得麻烦？其实做杯
冰沙很简单，只需简单 1 分钟。

扫一扫二维码
视频同步做美食

● 原料

苹果⋯⋯⋯⋯⋯⋯ 1 个

肉桂粉⋯⋯⋯⋯⋯⋯ 8 克

奶酪⋯⋯⋯⋯⋯⋯ 10 克

冰块⋯⋯⋯⋯⋯⋯ 适量

● 制作方法

1 洗净的苹果去皮、核，切成块。

2 把苹果倒入冰沙机中，放入奶酪、肉桂粉。

3 倒入冰块，按启动键搅打成冰沙。

4 将打好的冰沙装入杯中即可。

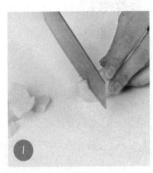

🍴 美味吃法

色泽鲜美，味道凉爽甘甜，果味纯厚，口感细腻。

紫薯牛奶冰沙

过去生活中曾经有过的种种难关，你都已经一一搞定了，下一个困难你依旧有能力摆平的。但是现在先别想那么多了，来一杯美味的冰沙，让自己爽一下吧！

• 原料

紫薯……………… 120 克

牛奶……………… 100 毫升

冰块……………… 适量

• 制作方法

1 洗净去皮的紫薯切成块，放入锅中加适量清水煮熟，捞出后放凉备用。

2 把煮熟的紫薯块倒入冰沙机中，加入牛奶和冰块。

3 按启动键搅打成冰沙。

4 将打好的冰沙倒入杯中即可。

🥤 美味吃法

果泥一定要搅打得细腻一些，这样做好的冰沙色彩和口感才均匀。

草莓奶酪冰沙

这款清凉味美的冰沙，加入了草莓后，颜色成为
红色，所以称之为"夏日激情"。

• 原料

草莓······················150 克
炼乳······················35 克
糖水、冰块··········各适量

• 制作方法

1 将草莓洗净，对半切开。

2 把草莓倒入冰沙机中，加入糖水、炼乳
　和冰块。

3 按启动键搅打成冰沙。

4 将打好的冰沙倒入杯中，再点缀上草莓
　即可。

🍴 美味吃法

草莓加糖冷冻后，很容易切开。在草莓成熟季节制作后再
保存，这样整个夏季都可以享用酸甜的草莓做冰沙了。

木瓜牛奶冰沙

木瓜和牛奶的相遇，同样广受女性喜爱。

点心时间，非常推荐来一杯冰沙。

● 原料

木瓜⋯⋯⋯⋯⋯⋯ 1/2 个

牛奶⋯⋯⋯⋯⋯⋯ 120 毫升

冰块⋯⋯⋯⋯⋯⋯ 适量

● 制作方法

1 将木瓜切半，去皮去子切块。

2 把木瓜倒入冰沙机中，加入牛奶和冰块。

3 按启动键搅打成冰沙。

4 将打好的冰沙倒入杯中即可。

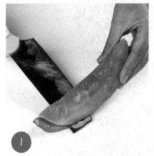

🍹 美味吃法

木瓜最好用比较熟的，捏起来是软的，味道会更浓郁。

抹茶拿铁冰沙

抹茶的清香，牛奶的醇厚。
夏天要酷爽，也要营养满分。

● 原料

牛奶·····················300 毫升
抹茶粉·················少许
糖浆、冰块·········各适量

● 制作方法

1 取锅置火上，倒入牛奶，加热至冒泡，撒抹茶粉，拌匀，煮至完全溶解；关火后调入糖浆，拌匀制成抹茶拿铁，放凉。

2 取冰沙机，放入冰块。

3 再倒入放凉的抹茶拿铁。

4 按下开关，启动机器，将食材打成冰沙后倒出杯中即可。

🥛 美味吃法

可根据个人的口味决定是否调入糖浆，或选择其他调料代替。

葡萄柠檬蜂蜜冰沙

酸与甜的碰撞，冰与凉的刺激，
夏日中来一场味觉旅行吧！

• 原料

葡萄······················100克

柠檬······················20克

蜂蜜······················10克

冰块······················适量

• 制作方法

1 将葡萄洗净，切开，去皮，去子；将柠檬去皮，去子。

2 备好冰沙机，倒入葡萄、柠檬、蜂蜜和冰块。

3 打开启动开关，选择转速为"3"，配合搅拌棒搅打成冰沙。

4 取刨冰机，放入冰块刨成细小冰颗粒；将冰沙倒入杯中，再倒入适量细小冰颗粒，装饰上串有葡萄和柠檬皮的牙签即可。

🥤 美味吃法

将柠檬榨汁后冻成冰块，再与冰块、葡萄打成冰沙饮用更佳。

PART

4

甜蜜与清凉的碰撞：果酱冰沙

果酱一直深受人们的喜爱,它是甜点的好搭档,拿来搭配冰沙呢?
以小火慢慢煮水果，香气散发出独特的诱人魅力，浓缩后带着酸
甜味。普通冰沙的配料很够味，换种吃法，除了糖煮果泥之外，
糖浆水果也是好搭档，让水果不再是水果，特别是淋上手工果酱，
充满法式风情的滋味，是炎炎夏日最佳的享受!

柚子柠檬果酱 + 柚子柠檬冰沙

柚子与柠檬带有诱人的清香，酸甜的口感更是让人难以忘却。
丰富的维生素 C 具有美白肌肤的功效，实在是吃货的夏日福利。

柚子柠檬果酱

● 原料

蜂蜜柚子酱·········· 100 克

柠檬汁·············· 30 毫升

蜂蜜················ 20 克

● 制作方法

1 蜂蜜柚子酱放水锅中，加柠檬汁拌匀。

2 加入蜂蜜，小火煮至浓稠，倒入玻璃容器中，冷却后放入冰箱冷藏。

 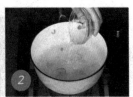

柚子柠檬冰沙

● 原料

橙子················ 1 个

炼乳··············· 10 克

柚子柠檬果酱······· 8 克

冰块··············· 适量

● 制作方法

1 洗净的橙子去皮，切成小块。

2 橙子倒入冰沙机中，倒入炼乳、冰块，按启动键搅打成冰沙。

3 将打好的冰沙装入杯中，淋上柚子柠檬果酱即可。

🍴 美味吃法

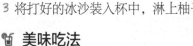

精心调制的冰沙，下午茶来一杯，清新甜蜜。

一口一口赶走烦躁，找回活力。

桑格利亚果酱 + 蓝莓菠萝冰沙

夏日炎炎，多吃点凉快的才能防暑降温，水果做的
冰沙凉爽美味，非常简单，我也是就地取材，用家
里有的三种水果做了这款冰沙，分享给大家。

桑格利亚果酱

● 原料

柠檬、苹果、香橙·各1个
红酒、葡萄汁·········各30毫升
白糖·················35克

● 制作方法

1 洗净的柠檬、苹果、香橙均去皮，切成块，将柠檬、苹果、香橙放注水的锅中。

2 加红酒、葡萄汁、白糖，煮至浓稠，装容器，冷却后放入冰箱冷藏。

🥄 美味吃法

柠檬、苹果、香橙，选用这些常见的水果，花点心思就能制作出看着就满心欢喜的美味果酱。

蓝莓菠萝冰沙

● 原料

草莓、蓝莓、菠萝···各50克
桑格利亚果酱·······适量
汽水、冰块·········各适量

● 制作方法

1 洗净的草莓去蒂，对半切开；菠萝去皮切成块。

2 把菠萝、草莓、蓝莓、汽水、冰块倒入冰沙机中，按启动键搅打成冰沙。

3 将打好的冰沙倒入杯中，淋上桑格利亚果酱即可。

🥄 美味吃法

一口下去既有水果的甜香又有冰沙与汽水的酷爽口感。
分量十足，食之过瘾。

焦糖黑白木耳果酱 + 柠檬冰沙

浓柠檬冰沙是很好的护肤养颜食品，营养丰富，果香浓郁，制作简单。

多吃水果，从护肤营养等多角度全方位来关爱肌肤。

焦糖黑白木耳果酱

● 原料

黑木耳··················· 120 克
银耳····················· 100 克
冰糖····················· 30 克

● 制作方法

1 将黑木耳、银耳放入水中，泡发，均切成片；将黑木耳、银耳放入微波炉，加热 5 分钟至熟软，取出，压成泥，放凉待用。

2 将黑木耳泥、银耳泥一起放入注水的锅中，加入冰糖，小火煮至浓稠，倒入玻璃容器中，冷却后放入冰箱冷藏。

🍴 美味吃法

焦糖与黑木耳、银耳的创新搭配，味道和口感都能给你大大的惊喜。

柠檬冰沙

● 原料

柠檬····················· 1 个
柠檬汁··················· 5 毫升
汽水、冰块··········· 各适量

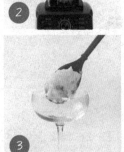

● 制作方法

1 洗净的柠檬，取出果肉，留皮，切成丝。

2 把柠檬丝、柠檬汁、汽水、冰块倒入冰沙机中，按启动键搅打成冰沙。

3 将打好的冰沙倒入杯中，淋上焦糖黑白木耳果酱即可。

🍴 美味吃法

这是一道口味微酸的爽口冰沙，有了醒神的柠檬，就不会辜负这个阳光十足的夏天。

圣女果果酱 + 牛奶冰沙

牛奶的饮用方法千千万，夏季自然少不了冰凉
的吃法，最简单的莫过于牛奶冰沙，用适量的
糖来改善口感，而且冰沙可以和水果、冰淇淋
任意搭配。

扫一扫二维码
视频同步做美食

圣女果果酱

• 原料

圣女果·················· 180 克
白糖····················· 30 克
柠檬汁·················· 10 毫升

• 制作方法

1 圣女果洗净，放滚水中片刻，捞出，除去外皮。

2 圣女果放注水的锅中，加白糖、柠檬汁，煮至浓稠，倒入玻璃容器中，冷却后放入冰箱冷藏。

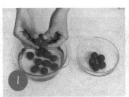

🍴 美味吃法

用白糖和柠檬汁来调高圣女果的酸甜度，更具风味。如果觉得味道还不够丰满，再加点蜂蜜试试吧。

牛奶冰沙

• 原料

吉利丁·················· 2 克
牛奶····················· 100 毫升
白糖、冰块··········· 各适量

• 制作方法

1 吉利丁折断泡水，放冰箱冷藏；牛奶放锅中，加白糖、吉利丁，煮至溶化，装碗，冷却后，放冰箱冷藏。

2 冷藏好的牛奶倒入冰沙机中，再倒入冰块，按启动键搅打成冰沙。

3 把将打好的冰沙倒入杯中，淋上圣女果果酱即可。

🍴 美味吃法

牛奶冰沙非常容易融化，要立刻吃掉才好。

菠萝芒果果酱 + 草莓樱桃冰沙

最近真是热死人不偿命的节奏了，吃什么都没有胃口，今天做了个草莓樱桃冰沙，加了水果，吃起来冰凉爽口，透心凉的感觉，爽得很。

菠萝芒果果酱

• 原料

菠萝⋯⋯⋯⋯⋯⋯150 克

芒果⋯⋯⋯⋯⋯⋯100 克

柠檬汁⋯⋯⋯⋯⋯5 毫升

白糖⋯⋯⋯⋯⋯⋯5 克

• 制作方法

1 菠萝去皮切成块；芒果去皮，切成丁。

2 菠萝、芒果放注水的锅中，加白糖、柠檬汁，煮至浓稠，倒入玻璃容器中，冷却后放入冰箱冷藏。

🍹 美味吃法

热情似火的夏日，总不能没有芒果和菠萝的甜蜜身影。完美搭配，入口香甜，久久回味。

草莓樱桃冰沙

• 原料

草莓果泥⋯⋯⋯⋯120 克

白糖⋯⋯⋯⋯⋯⋯30 克

樱桃酒⋯⋯⋯⋯⋯20 毫升

冰块⋯⋯⋯⋯⋯⋯适量

• 制作方法

1 白糖放锅中，加草莓果泥、樱桃酒，煮至溶化，装碗。

2 把草莓泥、冰块倒入冰沙机中。

3 按启动键搅打成冰沙，装杯，淋菠萝芒果果酱即可。

🍹 美味吃法

樱桃酒也可以用伏特加代替，必须用新鲜的草莓。如果是即刻食用，草莓预先在冰箱冷藏后取出使用即可。

哈密瓜果酱 + 圣女果冰沙

夏天天气非常热，所以需要几款从冰箱取出来的
冰沙降降大气。今天的这款圣女果冰沙相当简
单，来试试吧。

哈密瓜果酱

● 原料

哈密瓜·············· 180 克

白糖·············· 20 克

柠檬汁·············· 10 毫升

● 制作方法

1 哈密瓜去皮、去子，切成块。

2 把哈密瓜放入锅中，加入白糖，倒入柠檬汁，煮至溶化，拌匀，倒入碗中，冷却后放入冰箱冷藏。

🍹 美味吃法

成熟度较好的哈密瓜，有粗网状纹，摸起来坚实而微软，色泽鲜艳，瓜肉呈桔红色、细脆爽口，瓜香较为浓郁。

圣女果冰沙

● 原料

圣女果·············· 150 克

番茄汁·············· 15 毫升

白糖·············· 10 克

冰块·············· 适量

● 制作方法

1 洗净的圣女果对半切开。

2 把圣女果倒入冰沙机中，加入白糖，放入冰块，倒入番茄汁，按启动键搅打成冰沙。

3 将打好的冰沙装入杯中，淋上哈密瓜果酱即可。

🍹 美味吃法

光照和水分较充足的圣女果表皮呈深红色，果实外形圆润，果面光滑无开裂，无子，多汁，蒂头带鲜绿叶子的较为新鲜。

枸杞苹果果酱 + 绿茶冰沙

如果没有果肉，加上天然果酱代替，可让本来入口即化的冰沙增加别样的口感。尤其是手工冰沙和手工果酱的调和，感觉就像果酱在你口中滑雪一般！

枸杞苹果果酱

● 原料

苹果·····················1 个

枸杞子···············15 克

白糖·················20 克

● 制作方法

1 洗净的苹果去皮，切成块。

2 把苹果放入注水锅中，加入枸杞子、白糖，煮至溶化，拌匀，倒入玻璃容器中，冷却后放入冰箱冷藏。

🍹 美味吃法

枸杞子甘平质润，是益气安神的佳品，干吃、泡茶、煲汤、煮粥等，日常食用方法多样，这次试试做果酱吧，风味更佳。

绿茶冰沙

● 原料

绿茶粉················5 克

绿茶茶叶···········3 克

冰糖·················20 克

冰块···················适量

● 制作方法

1 绿茶叶放注水锅中，加绿茶粉、冰糖，煮至溶化，捞出。

2 将冰块倒入冰沙机中，按启动键搅打成冰沙。

3 将打好的冰沙装入杯中，倒入冷却的绿茶，淋上枸杞苹果果酱即可。

🍹 美味吃法

热爱美食又强调营养健康的你，绝对不能错过这款用绿茶调配的滋味冰沙。

新奇士果酱 + 洛神花冰沙

双休日在家做了洛神花冰沙，做法非常简单，但
味道却超级棒，冰冰爽爽的，炎热的夏天，吃这
个真是爽，而且做法用时非常短，几分钟就可以
吃到嘴了。

新奇士果酱

● 原料

橙子·························1 个
白糖·························20 克
柠檬汁·····················10 毫升

● 制作方法

1 洗净的橙子去除果肉，取皮，切成丝。

2 橙子丝放水锅中，加入白糖、柠檬汁，小火煮至浓稠，倒入玻璃容器中，冷却后放入冰箱冷藏。

🍹 美味吃法

橙子皮是指用削皮器削出来的薄薄的一层皮。如果没有削皮器，也可以用普通刀削薄、切细。

洛神花冰沙

● 原料

洛神花·····················15 克
白糖·························20 克
冰块·························适量

● 制作方法

1 白糖放注水锅中，加洛神花，煮至变色，捞出。

2 把冰块倒入冰沙机中，按启动键搅打成冰沙。

3 将打好的冰沙装入杯中，倒入冷却的洛神花茶，淋上新奇士果酱即可。

🍹 美味吃法

购买干洛神花时，必须确认有效日期，一次少量购买，一旦开封需尽快使用完。

圣女果果酱牛奶冰沙

你以为圣女果果酱只能用来涂抹面包？那就错啦！
圣女果果酱的最佳搭配是冰沙！

● 原料

圣女果果酱·········· 20 克
吉利丁················· 2 克
牛奶················· 80 毫升
白糖················· 15 克
西芹················· 少许

● 制作方法

1 将吉利丁折断泡水，放入冰箱冷藏。

2 牛奶放锅中，加白糖、吉利丁，煮至溶化，盛出冷却，倒入冰格中，放冰箱冷藏。

3 冷藏好的牛奶冰块放冰沙机中，加圣女果果酱，按下启动键将食材搅打成冰沙。

4 将打好的冰沙倒入杯中，放上西芹作装饰即可。

🥤 美味吃法

将牛奶、白糖、吉利丁冻成冰块后再打出来的冰沙，味道更加浓郁，口感更佳。

黄桃果酱甜酒冰沙

黄桃香甜可口，甜酒芬芳馥郁。
口感甜润的冰沙是夏日休闲时光的绝佳伴侣。

• 原料

甜酒·····················15 毫升
黄桃果酱、冰块···各适量
薄荷叶···············适量

• 制作方法

1 取冰沙机，放入适量冰块，再加入甜酒。

2 按下开关，启动机器，将食材打成冰沙。

3 将打好的冰沙倒入杯中。

4 再放入黄桃果酱和冰块，稍稍搅拌，点缀上薄荷叶即可。

🥄 **美味吃法**

若想增加冰沙的浓郁口感，可加入黄桃果肉一起打碎。

玫瑰花菠萝柠檬果酱 + 石榴酒冰沙

玫瑰花菠萝柠檬果酱

• 原料

菠萝·····················120 克

柠檬·····················3 个

白糖·····················20 克

干玫瑰花··············10 克

• 制作方法

1 干玫瑰花加水浸渍 8 小时；菠萝去皮去芯切块；柠檬去除果肉，取皮，切成丝，果肉榨汁。

2 将水、柠檬皮、柠檬汁放入锅中熬煮，浓缩至原来的一半；加入玫瑰、菠萝、白糖，煮沸，捞出杂质，将果酱装罐。

石榴酒冰沙

• 原料

吉利丁·····················2 克

石榴酒·····················30 毫升

白糖·····················20 克

冰块·····················适量

• 制作方法

1 将吉利丁与水混合后放入冰箱冷藏备用。

2 白糖放注水锅中煮沸，熄火，加石榴酒、吉利丁，装碗，冷却待用。

3 冰块放冰沙机中，倒入冷却的液体，按启动键搅打成冰沙，装杯，淋玫瑰花菠萝柠檬果酱即可。